BEI GRIN MACHT SICH IHR WISSEN BEZAHLT

- Wir veröffentlichen Ihre Hausarbeit, Bachelor- und Masterarbeit

- Ihr eigenes eBook und Buch - weltweit in allen wichtigen Shops

- Verdienen Sie an jedem Verkauf

Jetzt bei www.GRIN.com hochladen und kostenlos publizieren

Bibliografische Information der Deutschen Nationalbibliothek:

Die Deutsche Bibliothek verzeichnet diese Publikation in der Deutschen National-bibliografie; detaillierte bibliografische Daten sind im Internet über http://dnb.d-nb.de/ abrufbar.

Impressum:

Copyright © 2017 GRIN Verlag, Open Publishing GmbH
Druck und Bindung: Books on Demand GmbH, Norderstedt Germany
ISBN: 9783668558960

Dieses Buch bei GRIN:

http://www.grin.com/de/e-book/378855/pulsmessung-unterrichtsentwurf-7-klasse-biologie

Nora Schrader

Pulsmessung (Unterrichtsentwurf 7. Klasse Biologie)

GRIN Verlag

Referendarin: Nora Schrader

Thema der Unterrichtseinheit: **Atmung und Blutkreislauf**

Thema der Doppelstunde: **Puls fühlen und messen - Verändert   sich
meine Pulsfrequenz in Ruhe / bei Belastung?**

1. Angaben zur Lerngruppe

Die ausgewählte Lerngruppe umfasst 22 Schülerinnen und Schüler (11 w, 11 m) der Klasse 7d. Ich unterrichte den Kurs seit Beginn des Schulhalbjahres 2017/18. Bedingt durch einige Unterrichtsausfälle seitens der Schule zählen wir bisher zwei gemeinsame Doppelstunden, in denen ich noch nicht jede(n) der Schülerinnen und Schüler kennenlernen konnte.

In diesen Stunden zeigte sich die Lerngruppe insgesamt freundlich und aufgeschlossen. Insbesondere einige Schüler haben ein großes Interesse und eine hohe Motivation für den naturwissenschaftlichen Unterricht. Anna, Max und Dawid fällt der Umgang mit Aufgabensettings, bei denen analytisches Denken erforderlich ist, leicht. Sie bereichern den Unterricht durch viele produktive Beiträge. Im Anforderungsbereich I gelingt nahezu allen Schülerinnen und Schülern ein adäquater Umgang mit naturwissenschaftlichen Themen. Jedoch benötigen einzelne Lernende insbesondere bei dem Verständnis und der Anwendung von Fachbegriffen Unterstützung. Mohammad und Eslim zählen zu den Schülerinnen und Schülern mit Migrationshintergrund, die erst seit kurzem in Deutschland beschult werden. Eslim in der dritten Septemberwoche in die Klasse; Mohammad besucht seit einem halben Jahr die Stadtteilschule. Folglich sind sie noch nicht hinreichend mit fachsprachlichen Kontexten vertraut. Andere Lernende haben einen sonderpädagogischen Förderbedarf, der zum Teil noch nicht endgültig diagnostiziert und einem Förderschwerpunkt zugeordnet werden konnte. Bislang wird Kevin zieldifferent beschult. Dieser Schüler hat den Förderschwerpunkt Lernen und Entwicklung. Er ist nicht in der Lage, selbstständig sowie mit Unterstützung zielführend zu arbeiten. Im gesamten Schulleben fällt er immer wieder durch seinen Bewegungsdrang auf, der sich stets in einem ziellosen Herumirren durch den Klassenraum während des Unterrichts und im besten Fall durch ein Hineinhängen in die Gardinen des Raums zeigt. Dieser Schüler soll immer wieder ermutigt werden, am Unterrichtsgeschehen zu partizipieren und nur im Notfall in einem anderen Raum mit pädagogischer Begleitung arbeiten. Nina und Pilgrim haben eine Autismusspektrumsstörung, die sich im Unterrichtskontext meistens nur leicht im Rahmen einer fehlenden Empathie gegenüber Mitschülerinnen und -

schülern bemerkbar macht. Julia weist starke Einschränkungen im Hörvermögen und Lena in ihren kognitiven Fähigkeiten auf.

Um jeden der Lernenden die erfolgreiche Arbeit am Lerngegenstand zu ermöglichen, werden im Unterricht Differenzierungsangebote bereitgestellt. Diese können zum Beispiel für leistungsschwächere Heranwachsende visuelle und funktionale Unterstützungsmöglichkeiten umfassen. Dazu zählen Hilfskarten mit zusätzlichen Informationen und Tipps für die Bewältigung von Aufgaben oder auch ein Expertenrat durch leistungsstärkere Lernende. Letztere haben nicht nur die Möglichkeit, in die Lehrerrolle überzugehen und ihr Wissen weiter zu geben, sondern auch die Themen mit diffizileren Aufgabenstellungen zu bearbeiten (in Anlehnung an den Anforderungsbereich III). In Kleingruppen werden die sozial-kommunikativen Fähigkeiten bestärkt und in einer gemeinsamen Interaktion problemorientierte Aufgaben bewältigt.

Letztendlich liegt der Fokus des Unterrichtsgeschehens auf einer konstruktiven Lernatmosphäre, in der unter anderem eine hohe Schüleraktivierung besteht.

Basierend auf diesen Aspekten wird die folgende Hospitationsstunde ausgerichtet.

2. Thema der Unterrichtseinheit und der Stunde

Die aktuelle Unterrichtseinheit befasst sich mit dem Thema *Atmung und Blutkreislauf*. Thema der Unterrichtsstunde ist die Durchführung und die Auswertung eines Versuchs zur eigenen Pulsfrequenz in Ruhe und nach Belastung.

3. Einbettung der Stunde in die Gesamtplanung

Die Hospitationsstunde ist Bestandteil der Unterrichtseinheit *Atmung und Blutkreislauf* mit dem schulinternen Schwerpunkt auf letzterem. Im Zuge dieses Lernvorhabens können die Schülerinnen und Schüler unter anderem die Zusammensetzung der Atemluft, den Aufbau der Atmungswege sowie die Brust- und Bauchatmung beschreiben (Kompetenzbereich Fachwissen). Zudem können sie das Fachwissen an Anschauungs- und bereits an einem

Funktionsmodell anwenden (Kompetenzbereich Erkenntnisgewinnung). Darüber hinaus analysieren sie die Aussagekraft von Modellen und können in ersten Kontexten sach- sowie fachbezogen kommunizieren (Kompetenzbereiche Bewertung und Kommunikation).

In der ersten Einheit der Doppelstunde zum Thema Puls können die Lernenden die Bedeutung und die Relevanz des Terminus beschreiben (Kompetenzbereiche Fachwissen und Bewertung). In der zweiten Einheit können sie einen Versuch zur Bestimmung ihrer Pulsfrequenz anwenden und durchführen (Kompetenzbereich Erkenntnisgewinnung) sowie die Resultate auswerten und analysieren (Kompetenzbereich Bewertung).

Einen Überblick der Themen und Schwerpunktlernziele dieser Unterrichtseinheit gibt die folgende Tabelle:

Thema	Schwerpunktlernziele
(1a. Sicherheit im Fachraum) 1b. Zusammensetzung der (Atmen)-Luft; Atemzugs- und Lungenvolumen	Die SuS können die Zusammensetzung der Atemluft beschreiben sowie ihr Atemzugs- und Lungenvolumen bestimmen.
2. Aufbau der Atmungswege und Vorgänge bei der Atmung	Die SuS können den Aufbau der Atmungswege (mithilfe von Modellen) erkennen und den Weg der Atemluft sowie den Gasaustausch in der Lunge beschreiben. Sie können die Brust- und Bauchatmung erklären.
3a. Definition und Relevanz der Pulsmessung	Die SuS können die Bedeutung und die Relevanz der Pulsmessung beschreiben.

3b. Versuchsdurchführung zur Pulsmessung in Abhängigkeit von körperlicher Belastung und Ruhe	Die Schülerinnen und Schüler können einen Versuch zur Bestimmung ihrer Pulsfrequenz anwenden / durchführen. Die Schülerinnen und Schüler können die Versuchsresultate auswerten und analysieren.
4./5./6. Lungen- und Körperkreislauf	Die SuS benennen den Bau und die Funktion des Lungen- und Körperkreislaufs. Sie können hierzu die Aussagekraft eines Modells analysieren.

4. Schwerpunktziele der Stunde

Kompetenzbereich Erkenntnisgewinnung (Anforderungsbereich II)

- Die Schülerinnen und Schüler können einen Versuch zur Bestimmung ihrer Pulsfrequenz anwenden / durchführen.

Kompetenzbereich Bewertung (Anforderungsbereich II/III)

- Die Schülerinnen und Schüler können die Versuchsresultate auswerten und analysieren.

5. Ein Planungshinweis

Eine Begründung der (methodisch-) didaktischen Überlegungen ist nicht Bestandteil dieses Entwurfs. Jedoch sei an dieser Stelle auf die didaktische Reduktion des Protokolls und des Versuchs verwiesen. Diese ist auf den aktuellen fachwissenschaftlichen Kenntnisstand der Lernenden angepasst und umfasst folglich weder die komplexe und fundierte Aufstellung einer Hypothese noch eine diffizile Versuchsauswertung unter Einbezug verschiedener Kriterien.

In dieser Stunde werden lediglich ausgewählte Teilkompetenzen zur ersten Verwendung eines Protokolls und der Durchführung eines Versuchs im Unterricht fokussiert.

6. Beobachtungsschwerpunkte für die anschließende Nachbesprechung

Gewünscht wird von der Lehrkraft im Vorbereitungsdienst (LiV) ein zielführendes Beratungsgespräch mit der folgenden Struktur:

1a. LiV reflektiert Unterrichtsstunde zunächst mit dem Fokus auf lernförderliche Aspekte wie zum Beispiel:

➔ <u>Lernförderliche Aspekte in Bezug auf die Lernumgebung</u>

- Lernklima

- Schüleraktivierung

- Methoden und Materialien zum Ausbau der Kompetenzen sowie zur Erreichung des Lernziels

1b. Nach der Darlegung der Reflexion seitens der LiV nehmen die Gäste Bezug auf die lernförderlichen Aspekte der Unterrichtsstunde.

2a. Im Anschluss reflektiert die LiV die Unterrichtsstunde im Hinblick auf mögliche Alternativen und formuliert einen Ausblick auf die nächsten Unterrichtseinheiten.

2b. Die Gäste zeigen mögliche Alternativen etc. auf.

3. Die LiV bedankt sich für das Beratungsgespräch.

7. Verlaufsplanung (in tabellarischer Form)

Zeit	Phase (im Lernprozess)	Arbeitsform	Lehreraktivitäten	Schüleraktivitäten	Materialien
08:00	**Begrüßung – Organisatorisches** Vorstellung des Themas und des Ablaufs	L-S-S-I	L begrüßt die SuS	- zuhören - stellen den Ablaufplan vor	Smartboard / Tafel
08:05	**Thematischer Einstieg** Öffnung des subjektiven Konzepts	D-A-B	- Moderation - L zeigt einen Bildimpuls. *„Assoziiert Begriffe und formuliert eine mögliche Definition."* - L notiert diese und formuliert mit den SuS eine Definiton zur Pulsmessung.	- SuS überlegen, tauschen sich aus und berichten.	Smartborad/Tafel
	Motivation des Experiments (Lebensweltbezug)	Plenum	-L leitet zur Motivation des Experiments über -> Relevanz der Pulsmessung	-SuS nennen und formulieren die Relevanz	
08:15	**Hinführung zum Versuch** Vervollständigung der fehlenden Protokollbestandteile	PA / KGA	- Anmoderation - steht lernbegleitend zur Seite; interveniert ggfs.	- vervollständigen die fehlenden Protokollbestandteile	M1 M2

08:30	**Zwischensicherung**	Plenum	- Moderation	-nennen die fehlenden Bestandteile des Versuchsprotokolls	M1 Smartboard
08:36	**Erarbeitung** Durchführung, Beobachtung, Auswertung _(situationsabhängig ggfs. in Einzelschritten mit Zwischensicherung)_	PA	- Anmoderation - steht lernbegleitend zur Seite; interveniert ggfs.	-führen den Versuch durch, notieren die Beobachtung und die Auswertung.	M1
08:56 >Unterrichts-ausstieg möglich	**Sicherung**	Plenum	- Moderation	-erklären und überprüfen ihre Auswertung	M1 Smartboard
09:02	**Analyse / Reflexion** Möglichkeiten und Grenzen des Versuchs	D-A-B-> Redekette	- Moderation -L-Impuls: _„Nenne Aspekte, die mit dem Versuch gezeigt werden konnten._ _Nenne Aspekte, die der Versuch nicht darstellen konnte."_	- SuS überlegen, tauschen sich an Stationen aus und berichten.	M3 Smartboard

09:12	**Ausblick und Verabschiedung**	L-Beitrag	- Moderation	verabschieden sich	

Didaktische Reserve:

Methodische Reflexion

„Nenne Aspekte, die heute während der Versuchsdurchführung gut funktioniert haben."

„Nenne Aspekte, die du beim nächsten Mal anders machen möchtest."

8.   Anhang

- **M1: Arbeitsblatt Versuchsprotokoll**

- **M2: Hilfestellungen für das Ausfüllen der fehlenden Protokollbestandteile**

- **M3: Stationen für die analytische Vertiefung der Versuchsauswertung -> Möglichkeiten und Grenzen des Versuchs**

- **M4: geplantes Tafelbild**

- **M5: Sitzplan**

<table>
<tr><td>StS</td><td>Name:</td><td>Biologie Jg. 7</td><td rowspan="2">Seite</td></tr>
<tr><td></td><td>Datum:</td><td>Atmung und Blutkreislauf</td></tr>
</table>

1. Vervollständige das Versuchsprotokoll.

Forschungsfrage: (Warum) verändert sich meine Pulsfrequenz in Ruhe / bei Belastung?

Vermutung:____

Material: ____

Versuchsaufbau:

Durchführung:

1. _____________________

a. Zähle deine Pulsschläge in Ruhe / im Sitzen in einer Minute.[1] Dein Partner stoppt die Zeit. Danach wechselt ihr die Rollen. Notiere deine Werte bei der Beobachtung.

2. _____________________

b. Mache zwei Minuten lang eine sportliche Betätigung (Kniebeugen, auf der Stelle laufen, Liegestützen...). Danach zählst du deine Pulsschläge in einer Minute.[2] Dein Partner stoppt die Zeit. Danach wechselt ihr die Rollen. Notiere deine Werte bei der Beobachtung.

---

[1] Du kannst deine Pulsschläge auch 30 Sekunden lang zählen und dann mit 2 multiplizieren.
[2] Du kannst deine Pulsschläge auch 30 Sekunden lang zählen und dann mit 2 multiplizieren.

<table>
<tr><td>StS</td><td>Name:</td><td>Biologie Jg. 7</td><td rowspan="2">Seite</td></tr>
<tr><td></td><td>Datum:</td><td>Atmung und Blutkreislauf</td></tr>
</table>

Beobachtung:

Meine Pulsfrequenz <u>in Ruhe</u> beträgt: _____________________Schläge pro Minute.

Meine Pulsfrequenz <u>nach Belastung</u> beträgt: _____________________Schläge pro Minute.

Auswertung:

a. Unterstreiche das zutreffende Wort.

Meine Pulsfrequenz in Ruhe ist **höher / niedriger** als nach der Belastung.

Meine Vermutung trifft also **zu / nicht zu.**

b. Erkläre deine Werte in Ruhe und bei Belastung.

Unten auf dem Arbeitsblatt findest du Hilfe.[3]

Bei körperlicher Anstrengung benötigt dein Körper mehr ____________. Dein ____________muss schneller schlagen, damit ausreichend ____________ zu den Organen in deinem Körper gelangen kann und es dir gut geht. Mit der Herzschlagfrequenz steigt somit auch deine ____________.

Platz für eigene Notizen:____

____

Speed-Aufgabe:

Suche in der Klasse Leute, die…

-> ein anderes Geschlecht als du haben

-> im Gegensatz zu dir viel oder wenig Sport machen.

Vergleicht und diskutiert eure Werte.

---

[3] <u>Begriffe für die Auswertung:</u> **Pulsfrequenz / Herz / Sauerstoff / Energie**

<table>
<tr><td>StS</td><td>Name:</td><td>Biologie Jg. 7</td><td rowspan="2">Seite</td></tr>
<tr><td></td><td>Datum:</td><td>**Atmung und Blutkreislauf**</td></tr>
</table>

M2

Hilfestationen für das Ausfüllen des Protokolls:

<u>Station A:</u> Denkst du, dass dein Puls in Ruhe genauso schnell wie nach der Belastung ist? Oder wird er vielleicht langsamer oder schneller sein? Das ist die **Vermutung.**

<u>Station B:</u> Überlege, wie du deinen Puls messen kannst. Das musst du bei dem **Versuchsaufbau** skizzieren (zeichnen).

<u>Station C:</u> Nenne Gegenstände, mit denen du die Zeit auf die Sekunde genau messen kannst. Das ist das **Material.**

<u>Station D:</u> Lies dir die Forschungsfrage durch. Damit du diese beantworten kannst, musst du den Versuch zwei Mal unterschiedlich durchführen. Einmal in Ruhe und einmal nach Belastung. Das gehört zur **Versuchsdurchführung.**

M3

**Stationen für die analytische Vertiefung der Versuchsauswertung ->
Möglichkeiten und Grenzen des Versuchs**

<u>Station A:</u>

Die Pulsfrequenz ist in Ruhe niedriger als nach Belastung. Konnte der Versuch das zeigen?

<u>Station B:</u>

Es gibt technische Geräte, mit denen man den Puls genau messen kann.

Sie messen in Ruhe eine Pulsfrequenz zwischen 50 und 90 Schlägen pro Minute.

Liegen deine gemessenen Werte auch im Bereich zwischen 50 und 90 Schlägen pro Minute?

<u>Station C:</u>

Es gibt technische Geräte, mit denen man den Puls genau messen kann.

Sie messen nach Belastung eine Pulsfrequenz zwischen 120 und 160 Schlägen pro Minute.

Liegen deine gemessenen Werte nach Belastung auch im Bereich zwischen 120 und 160 Schlägen pro Minute?

<table>
<tr><td>StS</td><td>Name:</td><td>Biologie Jg. 7</td><td>Seite</td></tr>
<tr><td></td><td>Datum:</td><td>Atmung und Blutkreislauf</td><td></td></tr>
</table>

<u>Station D:</u> Einige Medikamente haben Einfluss auf die Pulsfrequenz. Sie können diese verlangsamen oder beschleunigen. Konnte der Versuch das zeigen?

<u>Station E:</u> Alkohol und Kaffee können die Pulswerte erhöhen. Konnte der Versuch das zeigen?

Geplantes Tafelbild

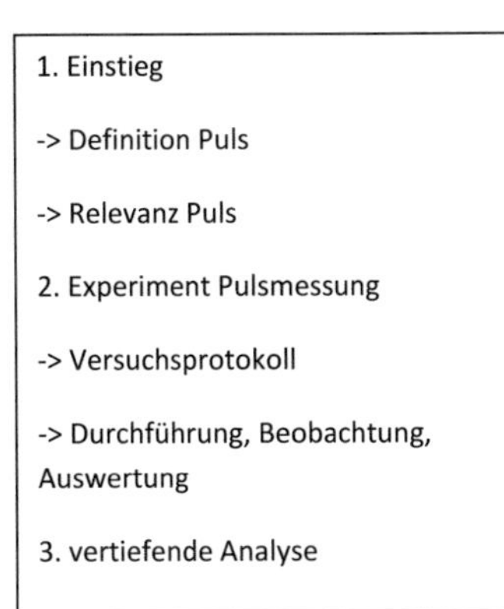

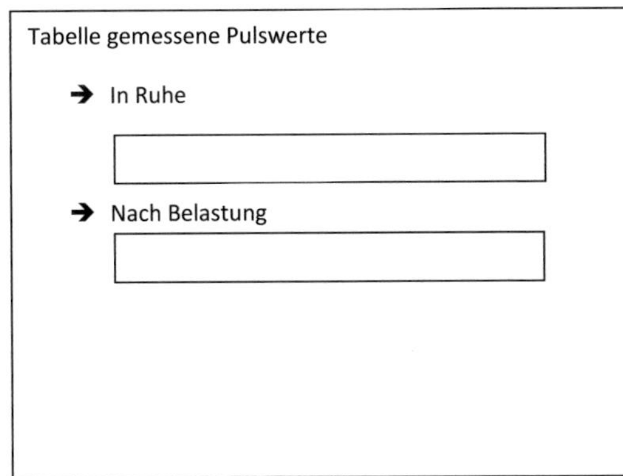

Sitzplan im Fachraum Biologie:

BEI GRIN MACHT SICH IHR WISSEN BEZAHLT

- Wir veröffentlichen Ihre Hausarbeit, Bachelor- und Masterarbeit

- Ihr eigenes eBook und Buch - weltweit in allen wichtigen Shops

- Verdienen Sie an jedem Verkauf

Jetzt bei www.GRIN.com hochladen und kostenlos publizieren